数学不烦恼

从**比**和**比值**到**孟德尔遗传定律**

【韩】郑玩相◎著 【韩】全惎◎绘 章科佳 邹长澎◎译

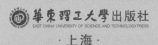

华东理工大学出版社
EAST CHINA UNIVERSITY OF SCIENCE AND TECHNOLOGY PRESS
·上海·

图书在版编目（CIP）数据

数学不烦恼. 从比和比值到孟德尔遗传定律 /（韩）郑玩相著；（韩）金愍绘；章科佳，邹长澎译. —上海：华东理工大学出版社，2024.5

ISBN 978-7-5628-7363-1

Ⅰ.①数…　Ⅱ.①郑…②金…③章…④邹…　Ⅲ.①数学－青少年读物　Ⅳ.①O1-49

中国国家版本馆CIP数据核字（2024）第078574号

著作权合同登记号：图字09-2024-0146

策划编辑 /	曾文丽	
责任编辑 /	曾文丽	
责任校对 /	祝宇轩	
装帧设计 /	居慧娜	
出版发行 /	华东理工大学出版社有限公司	
	地址：上海市梅陇路 130 号，200237	
	电话：021 - 64250306	
	网址：www.ecustpress.cn	
	邮箱：zongbianban@ecustpress.cn	
印　　刷 /	上海邦达彩色包装印务有限公司	
开　　本 /	890 mm × 1240 mm　1 / 32	
印　　张 /	4.5	
字　　数 /	80 千字	
版　　次 /	2024 年 5 月第 1 版	
印　　次 /	2024 年 5 月第 1 次	
定　　价 /	35.00 元	

理解数学的思维和体系，
发现数学的美好与有趣！

《数学不烦恼》
系列丛书的
内容构成

数学漫画——走进数学的奇幻漫画世界

漫画最大限度地展现了作者对数学的独到见解。

学起来很吃力的数学，原来还可以这么有趣！

知识点梳理——打通中小学数学教材之间的"任督二脉"

中小学数学的教材内容是相互衔接的，本书对相关的衔接内容进行了单独呈现。

概念整理自测题——测验对概念的理解程度

解答自测题，可以确认自己对书中内容的理解程度，书末的附录中还附有详细的答案。

郑教授的视频课——近距离感受作者的线上授课

扫一扫二维码，就能立即观看作者的线上授课视频。从有趣的数学漫画到易懂的插图和正文，从概念整理自测题再到在线视频，整个阅读体验充满了乐趣。

术语解释——网罗书中的术语

本书的"术语解释"部分运用通俗易懂的语言对一些重要的术语进行了整理和解释，以帮助读者更好地理解它们，

达到和中小学数学教材内容融会贯通的效果。当需要总结相关概念的时候，或是在阅读本书的过程中想要回顾相关表述时，读者都可以在这一部分找到解答。

大家好！我是郑教授。

嘿！

数学 不烦恼

从比和比值到孟德尔遗传定律

知识点梳理

	分年级知识点	涉及的典型应用
小 学	二年级　认识时间 五年级　简易方程 六年级　比 六年级　百分数 六年级　比例	时间单位的换算 按比例分配 速度、时间与路程 相遇问题 列车过隧道问题 注水问题 打折问题 浓度问题
初 中	七年级　整式 七年级　二元一次方程组 八年级　分式 九年级　图形的相似	

目录

 小学　比、比例

 初中　整式

专题 2

比的应用与连比

 认识时间、比、比例

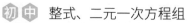 整式、二元一次方程组

专题 3
速度

小学　比、比例、简易方程
初中　整式

走进数学的
奇幻世界!

专题 4
浓度

 比、比例、百分数
 分式

专题 5

相似比

小学　比、比例
初中　图形的相似

专题 6

孟德尔遗传定律

小学　比、比例

初中　整式

专题 总结

附录

培养数学的眼光去观察生活

世界是由什么组成的呢？很多古代哲学家都对这一问题非常感兴趣，他们也分别提出了各自的主张。泰勒斯认为，世间的一切皆源自水；而亚里士多德则认为世界是由土、气、水、火构成的。可能在我们现代人看来，他们的这些观点非常荒谬。然而，先贤们的这些想法对于推动科学的发展意义重大。尽管观点并不准确，但我们也应当对他们这种努力解释世界本质的探究精神给予高度评价。

我希望孩子们能够抱着古代哲学家的这种心态去看待数学。如果用数学的眼光去观察、研究日常生活中遇到的各种现象，那么会是一种什么样的体验呢？如此一来，孩子们仅在教室里也能够发现许多数学原理。从教室的座位布局中，可以发现"行和列"；在调整座次、换新同桌时，就会想到"概率"；在组建学习小组时，又会联想到"除法"；在根据同班同学不同的特点，对他们进行分类的时候，会更加理解"集合"的概念。像这样，如果孩子们将数学当作观察世间万物的"眼睛"，那么数学就不再仅仅是一个单纯的解题工具，而是一门实用的学问，是帮助人们发现生活中各种有趣事物的方法。

而这本书恰好能够培养、引导孩子用数学的眼光观察这个世界。它将各年级学过的零散的数学知识按主题进行重新整合，把数学的概念和孩子的日常生活紧密相连，让孩子在沉浸于书中内容的同时，轻松快乐地学会数学概念和原理。对于学数学感到吃力的孩子来说，这将成为一次愉快的学习经历；而对于喜欢数学的孩子来说，又会成为一个发现数学价值的机会。希望通过这本书，能有更多的孩子获得将数学生活化的体验，更加地热爱数学。

中国科学院自然史研究所副研究员、数学史博士
郭园园

一本提供全新数学学习方法之书

学数学的过程就像玩游戏一样，从看得见的地方寻找看不见的价值，寻找有意义的规律。过去，人们在大自然中寻找；进入现代社会后，人们开始从人造物体和抽象世界中寻找。而如今，数学作为人类活动的产物，同时又是一种创造新产物的工具。比如，我们用计算机语言来控制计算机，解析世界上所有的信息资料。我们把这一过程称为编程，但实际上这只不过是一种新形式的数学游戏。因此从根本上来说，我们教授数学就是赋予人们一种力量，即用社会上约定俗成的形式语言、符号语言、图形语言去解读世间万物的各种有意义的规律。

《数学不烦恼》丛书自始至终都是在进行各种类型的游戏。这些游戏没有复杂的形式，却能启发人们利用简单的思维方式去思考复杂的现象，就连对学数学感到吃力的学生也能轻松驾驭。从这一方面来说，这套丛书具有如下优点：

1.将散落在中小学各个年级的数学概念重新归整

低年级学的数学概念难度不大，因此，如果能够在这些概念的基础上加以延伸和拓展，那么学生将在更高阶的数学概念学习中事半功倍。也就是说，利用小学低年级的数学概念去解释高年级的数学概念，可将复杂的概念简单化，更加便于理解。这套丛书在这一方面做得非常好，且十分有趣。

2.通过漫画的形式学习数学，而非习题、数字或算式

在人类的五大感觉中，视觉无疑是最发达的。当今社会，绝大部分人都生活在电视和网络视频的洪流中。理解图像语言所需的时间远少于文字语言，而且我们所生活的时代也在不断发展，这种形式更加便于读者理解。

这套丛书通过漫画和图示，将复杂的抽象概念转化成通俗易懂的绘画语言，让数学更加贴近学生。这一小小的变化赋予学生轻松学习数学的勇气，不再为之感到苦恼。

3.从日常生活中发现并感受数学

数学离我们有多近呢？这套丛书以日常生活为学习素材，挖掘隐藏在其中的数学概念，并以漫画的形式传授给孩子们，不会让他们觉得数学枯燥难懂，拉近了他们与数学的距离。将数学和现实生活相结合，能够帮助读者从日常生活中发现并感受数学。

4.对数学概念进行独创性解读，令人耳目一新

每个人都有自己的观点和看法，而这些观点和看法构成了每个人独有的世界观。作者在学生时期很喜欢数学，但是对于数学概念和原理，几乎都是死记硬背，没有真正地理解，因此经常会产生各种问题，这些学习过程中的点点滴滴在这套丛书中都有记录。通过阅读这套丛书，我们会发现数学是如此有趣，并学会从不同的角度去审视在校所学的数学教材。

希望各位读者能够通过这套丛书，发现如下价值：

懂得可以从大自然中找到数学。
懂得可以从人类创造的具体事物中找到数学。
懂得人类创造的抽象事物中存在数学。
懂得在建立不同事物间联系的过程中存在数学。

我郑重地向大家推荐《数学不烦恼》丛书，它打破了"数学非常枯燥难懂"这一偏见。孩子们在阅读这套丛书时，会发现自己完全沉浸于数学的魅力之中。如果你也认为培养数学思维很重要，那么一定要让孩子读一读这套丛书。

韩国数学教师协会原会长
李东昕

解决数学应用题烦恼的必读书目

很多学生觉得数学的应用题学起来非常困难。在过去，小学数学的教学目的就是解出正确答案，而现在，小学数学的教学越来越重视培养学生利用原有知识创造新知识的能力。而应用题属于文字叙述型问题，通过接触日常生活中的数学应用并加以解答，有效地提高孩子解决实际问题的能力。对于现在某些早已习惯了视频、漫画的孩子来说，仅是独立地阅读应用题的文字叙述本身可能就已经很困难了。

这本书具有很多优点，让读者沉浸其中，仿佛在现场聆听作者的讲课一样。另外，作者对孩子们好奇的问题了然于心，并对此做出了明确的回答。

在阅读这本书的过程中，擅长数学的学生会对数学更加感兴趣，而自认为学不好数学的学生，也会在不知不觉间神奇地体会到数学水平大幅度提升。

这本书围绕着主人公柯马的数学问题和想象展开，读者在阅读过程中，就会不自觉地跟随这位不擅长数学应用题的主人公的思路，加深对中小学数学各个重要内容的理解。书中还穿插着在不同时空转换的数学漫画，它使得各个专题更加有趣生动，能够激发读者的好奇心。全书内容通俗易懂，还涵盖了各种与数学主题相关的、神秘而又有趣的故事。

最后，正如作者在自序中所提到的，我也希望阅读此书的学生都能够成为一名小小数学家。

上海市松江区泗泾第五小学数学教师
徐金金

数学
——一门美好又有趣的学科

数学是一门美好又有趣的学科。倘若第一步没走好，这一美好的学科也有可能成为世界上最令人讨厌的学科。相反，如果从小就通过有趣的数学书感受到数学的魅力，那么你一定会喜欢上数学，对数学充满自信。

正是基于此，本书旨在让开始学习数学的小学生，以及可能开始对数学产生厌倦的青少年找到数学的乐趣。为此，本书的语言力求通俗易懂，让小学生也能够理解中学乃至更高层次的数学内容。同时，本书内容主要是围绕数学漫画展开的。这样，读者就可以通过有趣的故事，理解数学中的重要概念。

数学家们的逻辑思维能力很强，同时他们又有很多"出其不意"的想法。当"出其不意"遇上逻辑，他们便会进入一个全新的数学世界。书中提出比和比值相关理论的数学家们便是如此。本书讲述了各种有趣的故事，包括比和比值的差别、连比和按比例分配等，还运用比和比值详细地解释了速度和浓度。此外，书中还介绍了费米的"芝加哥钢琴调音师的数量"问题。

除了小学和初中课本上的内容，这本书中还讲解了很多甚至连高中教材都未涉及的内容，包括各种比和比例的有趣内容。我之所以这样安排，是因为我希望大家能够发散思维，利用比和比例进行各种有趣的研究。或许，你将来就会成为一名优秀的数学家或理论物理学家呢！

本书所涉及的中小学数学教材中的知识点如下：

小学：认识时间、简易方程、比、百分数、比例

初中：整式、二元一次方程组、分式、图形的相似

希望大家能通过本书所讲到的比和比例的知识，感受数学的魅力，并了解数学是如何改变科学的。同时我也希望大家也能够通过这些内容，利用比和比例提出新的科学理论。

最后，希望通过这本书，大家都能够发现数学的美好和有趣，成为一名小小数学家。

韩国庆尚国立大学教授

郑玩相

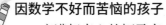

柯马

因数学不好而苦恼的孩子

充满好奇心的柯马有一个烦恼,那就是不擅长数学,尤其是应用题,一想到就头疼,并因此非常讨厌上数学课。为数学而发愁的柯马,能解决他的烦恼吗?

闹钟形状的数学魔法师

原本是柯马床边的闹钟。来自数学星球的数学精灵将它变成了一个会飞的、闹钟形状的数学魔法师。

数钟

穿越时空的百变鬼才

数学精灵用柯马的床创造了它。它与柯马、数钟一起畅游时空,负责其中最重要的运输工作。它还擅长图形与几何。

床怪

比和比值

　　本专题将介绍比、比的基本性质以及比值。在某个学习小组中，男生有5名，女生有3名，此时男生和女生的比可以用5:3表示，称作"5比3"。本专题还会涉及比的基本性质，即比的前项和后项同时乘或除以相同的数（0除外），比值不变。除此之外，本专题还将介绍比值以及与比值有关的概念"恩格尔系数"。最后的视频课会涉及比例和比例的基本性质。

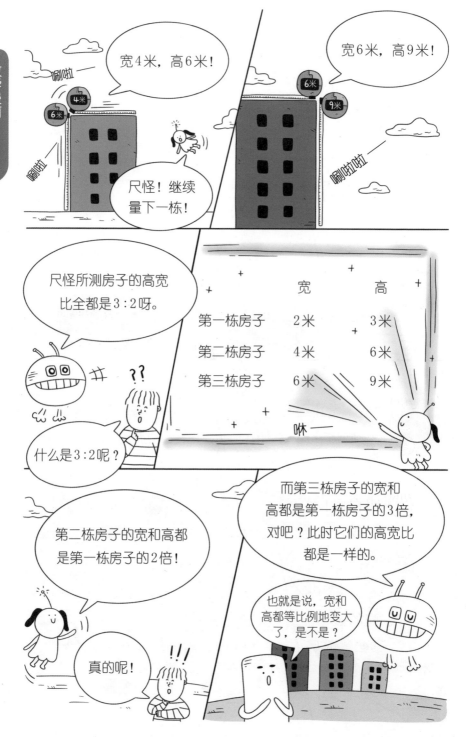

比之国之旅
比和比的基本性质

这次我们要学习的主题是比。比如，小娜的学习小组里有5名男生，3名女生。此时，将男生的人数和女生的人数做比较，记作"5 : 3"，读作"5比3"。

啊哈！比之国里建筑的高宽比是3 : 2。

在比之国，3 : 2和6 : 4，以及9 : 6都是一样的吗？

当然了。这是比的基本性质。在3 : 2中，" : "前面的数字称为"前项"，后面的数字称为"后项"。

"项"是什么呢？

"项"表示一个数，所以在前面出现的数就叫"前项"，在后面出现的数就叫"后项"。

明白啦！"前项"是前面的数，"后项"是后面的数。

是的！一个比的前项和后项同时乘以一个相同的数，所得的比和原来的相等。要注意哦，这个相同的数不能是0！就拿3 : 2来说，前项是3，后项是2，前后项同时乘以2，就变成了6 : 4，这两个比相等，也可写作"3 : 2 = 6 : 4"。

前项和后项同时乘以3，就变成了9:6，两者也相等，写作"3:2 = 9:6"。

没错，就是3:2 = 6:4 = 9:6。

比的前项和后项同时除以一个相同的数会发生什么呢？

还是一样的。就拿9:6来说，如果前后项都除以3……

那就变成了3:2，还是一样的！

前项和后项同时乘或者除以一个相同的数，比值不会发生改变。同样，这个相同的数不能是0！

比的前项与后项必须是自然数吗？

不是的，比如说，3.2:1.8这样用小数也是可以写成比的。

有点儿复杂呀……

因为小数不是自然数，所以你可能感觉有点儿复杂。但可以根据比的基本性质，将它们转换成自然数。

那么小数的比怎么转换成自然数的比呢？

因为比的前项和后项同时乘以一个相同的数，比值不会变，所以把前项和后项都乘以10试试。

我来。3.2:1.8的前项和后项都乘以10，就变成了32:18，真的变成了自然数的比！

还可以化简成更小的自然数的比。

怎么化简呢?

前项和后项的最大公约数是多少呢?

32和18的最大公约数是2。

前项和后项都除以最大公约数2就可以了，这样的话就变成16:9了。

这个比感觉好眼熟呀。

是的，电视机屏幕或者电影院银幕的长宽比通常都是16:9。

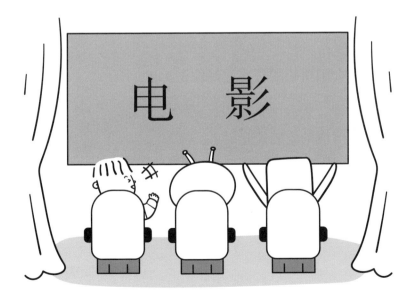

生活中还有其他地方用到比吗？在自己的身边找一找比，感觉很有意思呢！

当然，比如不同旗帜的长宽比就不同，观察如下图所示的旗帜。

这是瑞士的国旗！长和宽的比是 1:1 呢。

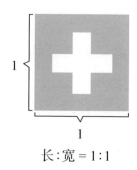

长:宽 = 1:1

哇！是正方形的国旗哎！

没错！

联合国旗帜的长宽比好像是 3:2。

没错，联合国旗帜的长宽比就是 3:2。另外，加拿大国旗的长宽比是 2:1。

长:宽 = 3:2

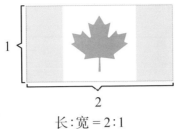

长 : 宽 = 2 : 1

快看这个！我量了一下挪威国旗，长宽比是 11 : 8。

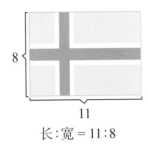

长 : 宽 = 11 : 8

11 : 8？好像很少见。

是啊，找瑞士国旗或挪威国旗这样长宽比不常见的国旗，是不是很有趣呢？

比值的故事
比的前项除以后项

前面我们已经了解了比和比的基本性质，现在来了解一下比值吧。还是刚才那个例子：小娜的学习小组里有 5 名男生，3 名女生，那么学生总人数是多少呢？

总共 8 人！

当以全体学生数量 8 人作为基准，来比较男生的数量时，全体学生数量 8 人作为后项，而 5 名男生作为前项。此时，前项相对于后项的大小，即前项除以后项所得的商，就叫作比值。

$$比值 = 前项 \div 后项 = \frac{前项}{后项}$$

求全体学生中男生所占的比值，后项是 8，前项是 5，所以就是 $\frac{5}{8}$。

真棒！比值通常是用分数或者小数来表示的。

那么，求全体学生中女生所占的比值，后项是 8，前项是 3，所以就是 $\frac{3}{8}$。

你们两个都完全理解比值了！那我们再来看看数学漫画中的故事吧。以 A、B 两个家庭的全部支出为后项，食品支出为前项，计算一下食品支出的比值吧。

A家庭的食品支出比值为 $\frac{7\ 000}{10\ 000} = 0.7$。

B家庭的食品支出比值为 $\frac{3\ 000}{10\ 000} = 0.3$。

数钟，我们为什么要计算这个比值呢？

1857年，德国统计学家恩格尔对一个家庭中食品支出与消费总支出的比值做了研究。他发现家庭收入越低，食品支出的占比就越高，这个定律后被称为"恩格尔定律"。其中食品支出与消费总支出的比值就叫作"恩格尔系数"。

可是这两个家庭的收入不是一样的吗？

是啊，可是A家庭的恩格尔系数比较高，说明他们把吃喝当成乐趣，而且他们没去旅行，也没有文化生活。

啊，我可不能像他们那样大吃特吃！

1. 写出下图中紫色部分和白色部分的面积比。

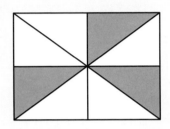

2. 用最简自然数表示0.6∶1.4。

3. 用最简自然数表示 $\frac{1}{2}∶\frac{1}{3}$。

※自测题答案参考120页。

比　例

　　像 $2:3 = 4:6$ 这样，表示两个比相等的式子叫作比例。比例中间的两个数——3 和 4 叫作比例的内项，两端的两个数——2 和 6 叫作比例的外项。此时，内项的积为 $3 \times 4 = 12$，外项的积为 $2 \times 6 = 12$。在比例中，两个内项的积等于两个外项的积。

　　试用比例的基本性质解答下列问题。

　　在下面□中填上正确的数字。

$$\frac{1}{2} : \frac{2}{3} = □ : 8$$

　　将 $\frac{1}{2}$，$\frac{2}{3}$ 的各项乘以 6，上述比例简化为 $3:4 = □:8$，由于两个内项的积等于两个外项的积，可得 $4 \times □ = 3 \times 8$，即 $4 \times □ = 24$。

　　所以可得出□ = 6。

　　求比例中的未知项，叫作解比例。

扫一扫前勒口二维码，立即观看郑教授的视频课吧！

比的应用与连比

　　前面我们一起学习了比、比的基本性质以及比值，在本专题中，我们将学习它们是如何应用的。本专题还介绍了连比，即三个或三个以上数的比，以及关于按一定的比分割整体的按比例分配及其应用。另外，本专题还会介绍应用题中统一单位的方法。例如，在比中同时出现时、分等不同单位时，如何实现单位的统一。

比的应用
注水问题

🙂 看了这次的数学漫画真的像看了一部动画片
一样!

🤖 我做得不错吧? 数学漫画中出现的这种问题叫作
注水问题,我们再来看一道例题。下图中有 A 桶
和 B 桶,它们是两个相同的桶,还有一个较大的 C
桶,最开始是空的。水从 A 桶和 B 桶注入 C 桶。

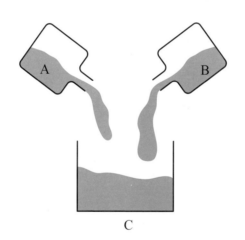

 A 桶中的水和 B 桶中的水是同时倒入 C 桶中的吗?

🤖 是的,A 桶 2 小时可以倒出 5 升水,而 B 桶 30 分钟
可以倒出 0.75 升水,这样的话,C 桶多久能被倒
满呢?

只知道这些的话是算不出来的，条件还缺少一点：C桶的容积。

啊！是我的失误！床怪，你说得对！现在假定C桶的容积是20升，这回可以算了吧？

我的脑子里突然开始打架了……

这种问题先要把单位统一起来。

要怎么做呢？

先算出1小时的出水量。

A桶2小时倒出5升水，所以每小时倒出2.5升水。

是的，假设A桶每小时的出水量是□，那么

$$2 小时 : 5 升水 = 1 小时 : □ 升水$$

利用比例的基本性质，$2 \times □ = 5 \times 1$，所以可以求得这里的 □ = 2.5。

现在B桶每30分钟倒出0.75升水，假设每小时出水量为□升，那么代入30:0.75=1:□中，求出□就可以了吧！

可不是哦，30分钟和1小时的单位不一致，要把单位统一才可以。

把30分钟换算成小时的话，就是0.5小时，所以把0.5:0.75 = 1:□中的□求出来就可以了。把

0.5 : 0.75 换算成自然数比的话，各项要乘以 100，也就是 :

$$0.5 \times 100 = 50$$

$$0.75 \times 100 = 75$$

$$所以 0.5 : 0.75 = 50 : 75。$$

之前说过，各项除以相同数时，比值相等。所以各项都除以 25 的话，可得 :

$$50 : 75 = 2 : 3$$

$$即 0.5 : 0.75 = 2 : 3。$$

所以比例 0.5 : 0.75 = 1 : □ 可转换为 2 : 3 = 1 : □，利用比例的基本性质，

$$2 \times □ = 3 \times 1$$

所以 □ = 1.5，即 B 桶每小时倒出 1.5 升水。

太棒啦！ A 桶每小时倒出 2.5 升水，B 桶每小时倒出 1.5 升水，所以 1 小时内倒入 C 桶的水量为 2.5 + 1.5 = 4（升）。

每小时可以倒入 4 升水，已知 C 桶的容积是 20 升，所以将 C 桶注满水所需的时间为 20 ÷ 4 = 5（时）。

床怪！你真是太厉害啦!

这算啥呀，小意思啦。

又来到比之国啦！

快看那儿！

个箭步

哇！

求珠待兔

呜呜呜……

我叫蜘蛛怪，如果你能在1分钟之内回答出我的问题，我就给你吃这个世界上最美味的汉堡。

但是，如果1分钟之内没有回答正确的话，这个少年将会被永远地困在蜘蛛网上！

朋友们！救救我！

啊！

问题是什么呢？

口袋里面一共有黑珠子、白珠子、红珠子共150颗，其中黑珠子和白珠子的数量比是3:2，白珠子和红珠子的数量比是4:5，求这些珠子各自的数量。

三个或三个以上数字如何比？

连比

数钟，谢谢你救了我！不过，你是怎么算出来黑珠子有60颗，白珠子有40颗，红珠子有50颗的？

可能是数钟有透视眼吧！

不是什么透视眼啦，就是个数学问题而已。我们要求出三种珠子之间的比，但条件只给出了两种珠子的比，也就是黑珠子的数量:白珠子的数量 = 3:2，白珠子的数量 : 红珠子的数量 = 4:5，对吧？

是的。

由于比的前项和后项同时乘以一个相同的数，比值不变，所以3:2 = 6:4。

这样黑珠子的数量:白珠子的数量 =6:4，白珠子的数量:红珠子的数量 =4:5……

白珠子都变成4了，对吧？所以黑珠子、白珠子和红珠子的比，就是黑珠子的数量:白珠子的数量:红珠子的数量 =6:4:5，像这样，三个或三个以上数字构成的比就叫作连比。

就算知道了它们之间的比，怎么求得黑珠子、白珠子、红珠子各自的数量呢？

 将整体按照一定的比进行分配，叫作按比例分配。比如，把24本笔记本按照3:1的比分给哥哥和弟弟，要求出他们每人分得几本，可以进行如下的计算：

$$哥哥：24 \times \frac{3}{3+1} = 24 \times \frac{3}{4} = 18（本）$$

$$弟弟：24 \times \frac{1}{3+1} = 24 \times \frac{1}{4} = 6（本）$$

这个方法就可以用在三种珠子的连比上，珠子总数是150颗，可以利用按比例分配的思路算出各种珠子的数量：

$$黑色珠子的数量 = 150 \times \frac{6}{6+4+5} = 150 \times \frac{6}{15} = 60（颗）$$

$$白色珠子的数量 = 150 \times \frac{4}{6+4+5} = 150 \times \frac{4}{15} = 40（颗）$$

$$红色珠子的数量 = 150 \times \frac{5}{6+4+5} = 150 \times \frac{5}{15} = 50（颗）$$

啊哈！

 让我们看看用连比表示两个比的一般解题思路吧！当甲:乙=2:5，乙:丙=3:2时，要求出甲:乙:丙，首先要写出下面两个式子：

$$甲:乙 = 2:5$$

$$乙:丙 = 3:2$$

然后呢?

这时连比甲:乙:丙的计算方式如下:

$$甲:乙 = 2:5 = (2 \times 3):(5 \times 3) = 6:15$$

$$乙:丙 = 3:2 = (3 \times 5):(2 \times 5) = 15:10$$

$$甲:乙:丙 = 6:15:10$$

很简单哟!

稍等,我要仔细看看。将两个比合在一起时,就像计算分数时把分母通分一样,找出3和5的最小公倍数。真神奇呀!不过,想要完全掌握,还得多练习呢!

1. 甲和乙的体重比为 2:3，乙和丙的体重比为 2:1，求甲、乙、丙的体重之比是多少?

2. 将 12 支铅笔按照 2:1 的比分配给哥哥和弟弟，哥哥可得到几支铅笔?

3. A 和 B 的比是 2:3，B 和 C 的比是 3:5，C 和 D 的比是 5:7，求 $A:B:C:D$。

※ 自测题答案参考 121 页。

按比例分配的应用

请看下列问题：

一个口袋内，黑珠子和白珠子的数量比为5∶6，再往口袋里放多少颗黑珠子，两者的数量比会变成35∶36？放入黑珠子后，口袋内黑、白珠子总数达到568颗。

已知放入黑珠子后黑、白珠子的数量比和黑、白珠子的总数，就可以求出黑白珠子各自的数量。

黑珠子的颗数为 $568 \times \dfrac{35}{35+36} = 280$ （颗）

白珠子的颗数为 $568 \times \dfrac{36}{35+36} = 288$ （颗）

现在把多放进去的黑珠子数量设为□，那么黑珠子原本的数量为280－□，白珠子数量没有变，还是288颗；而两种珠子的比为5∶6，可以写作

$$(280 - □) : 288 = 5 : 6$$

根据比例的基本性质，可得

$$6 \times (280 - \square) = 5 \times 288$$

化简后可得

$$6 \times (280 - \square) = 1\ 440$$

两边同时除以6，可得$280 - \square = 240$，所以后放进去的黑珠子的数量$\square = 40$（颗）。

速度

在本专题中，我们将利用速度和所需时间解决路程问题、火车过隧道问题、地震发生的位置问题等。虽然这些问题看起来很简单，但实际上我们很容易掉入题中设计的陷阱，所以大家要和我们的"三剑客"一起好好学习，努力掌握。

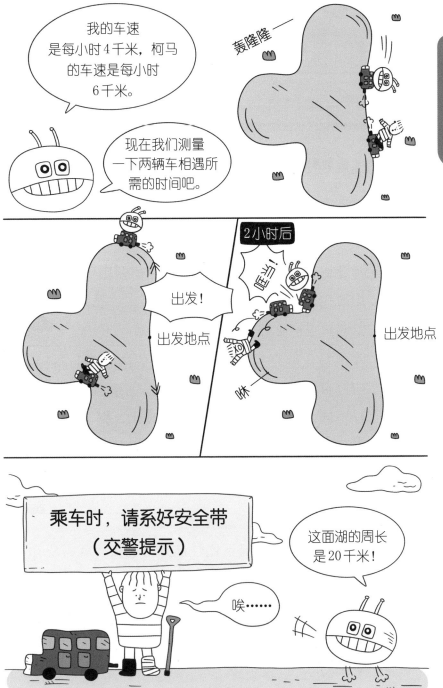

求湖的周长

速度

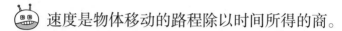 速度是物体移动的路程除以时间所得的商。

速度大就是快的意思，对吧？

当然啦。

为什么要用路程除以时间呢？在田径比赛项目中，用时更少的人不就是更快吗？那么，只需要测量时间就可以了啊。

在田径比赛项目中，运动员都是跑同样的路程，所以只需要比较时间就行了。但如果两人跑的路程不同，比如床怪10秒跑了100米，柯马25秒跑了200米，那究竟是谁跑得更快呢？

应该是我更快吧？

我觉得是我。

在路程不同的情况下比较谁跑得更快，就需要知道各自的速度了。为了公平起见，需要比较两人在相同时间内奔跑的路程。要比较两人在1秒内奔跑的路程，只需列出比例就可以啦！首先，床怪10秒跑了100米，可以假设它1秒跑□米，列出比

例：100 米 : 10 秒 = □ 米 : 1 秒

解比例，可得 □ = 10。

正确！床怪 1 秒钟能跑 10 米的路程，也可以说"床怪的速度是 10 米 / 秒"。

那我呢？

柯马 25 秒跑了 200 米，可列出比例：

200 米 : 25 秒 = □ 米 : 1 秒

□ = 8，也就是说柯马的速度是 8 米 / 秒，而我的速度是 10 米 / 秒，所以我的速度更快。

原来如此！数钟，你是怎么知道斯皮德王国中那面湖的周长是 20 千米的？

这是一类相遇问题。假设现在床怪和柯马相向而行，两人相距 30 米，柯马的速度是 4 米 / 秒，床怪的速度是 6 米 / 秒。那么，1 秒后两人的位置分别

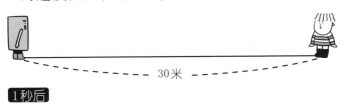

30米

1秒后

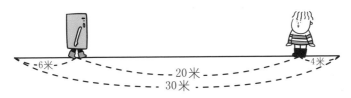

6米　　20米　　4米
30米

51

2秒后

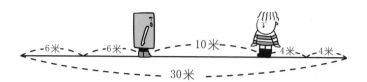

3秒后

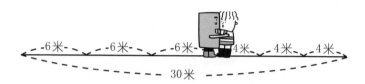

移动了4米和6米，对吧？

也就是说，1秒后两人相距20米。继续画出两人出发2秒后的位置，相距10米。那么出发3秒后，两人的位置又如何呢？

出发3秒后两人相遇了！

没错，两人相向而行时，我们可以求出两人相遇的时间为3秒。床怪1秒走6米，柯马1秒走4米，所以1秒内两人行走的路程是（6＋4）米，两人刚开始时相距30米，所以两人相遇的时间就是30÷（6＋4）＝3（秒）。

可在斯皮德王国，两人不是沿着湖往相反的方向走的吗？

道理是一样的。我的车时速4千米，而柯马的车时速 6 千米，所以我的车 1 小时能行驶 4 千米，而柯马的车 1 小时能行驶 6 千米，对不对？这样，两辆车 1 小时移动的路程就是 4 + 6 = 10（千米）。我测量了时间，最后花了 2 小时我们才相遇。所以，两辆车在 2 小时内移动的路程是 10 × 2 = 20（千米），这也就是湖的周长啦！用公式来表示的话，可以写成：

湖的周长 =（柯马的车速 + 数钟的车速）× 相遇所需的时间

在表示速度时，有些是每秒多少米，而有些是每小时多少千米，它们有什么区别呢？

每秒 □ 米指的是在 1 秒的时间内可以行进 □ 米的路程；每小时 △ 千米指的是 1 小时的时间内可以行进 △ 千米的路程。好了，我现在给你们出一道题，每秒 10 米等于每小时多少千米呢？

这个嘛……我不能马上给你答案。

要先把小时换算成秒。1 小时等于多少分钟呢？

这个嘛，当然是 1 小时等于 60 分钟啦。

那么 1 分钟等于多少秒呢？

1 分钟是 60 秒！

所以 1（时）= 60（分）= 60 × 60（秒）= 3 600（秒）。

路程的单位中，米和千米也是不一样的吧？

没错，1千米 = 1 000米，那么每秒10米是1秒内行进10米的路程，所以时间和路程的比可以表示为1秒∶10米，根据比的各项乘以相同的数，比值不变的性质，可以将各项同时乘以3 600。

所以是3 600秒∶36 000米。

3 600秒是1小时，36 000米是36千米，所以可以写成1时∶36千米。

啊哈！1小时之内可以跑36千米的路程，所以速度是每小时36千米呀。

是的，也就是说，每秒10米等于每小时36千米。

那么，每秒20米就相当于每小时72千米，而每秒30米相当于每小时108千米。

完美！现在大家对速度问题信心倍增了吧！我再出一道题：我的行走速度是每小时8千米，而柯马的行走速度是每小时6千米，假设我们同时从某地出发，相背而行，那么3小时后我们两人相距多少千米？

让我来看看。我和数钟每小时共行走8 + 6 = 14（千米），那么2小时后我们就相距14 × 2 = 28（千米），3小时后就相距14 × 3 = 42（千米）。

哇！准确无误！柯马，真了不起呀！接下来，我们要利用登山时大喊"呀——吼——"的回声时间来计算对面山峰与我们的距离。

数钟，你是怎么知道对面的山峰距离我们680米的？

声音传播到对面的山后会折返回来，这就是回声。就好比你把球扔到墙上，球撞到墙后又弹回来一样。

这个我知道，可现在我想弄清楚你是怎么通过回声来计算对面的山峰与我们的距离的！

只要知道声音的速度就可以计算啦！我测了一下，刚才从你发出"呀——吼——"的那一刻起，到听到回声的时间是4秒，而声音的速度是每秒340米，所以4秒声音通过的路程就是340×4 = 1 360（米）。

可你刚才说的不是1 360米，而是680米呀。这又是为什么呢？

因为声音传过去又返回来，实际上传播了两段相同的路程，所以还要除以2。这个方法同样也可以用来测量海洋的深度：乘船时向海底发出声波，然后测量声波返回的时间，就可以算出海洋的深度啦。这样一来，我们就能知道海底是什么样子的了。

真是太神奇了！

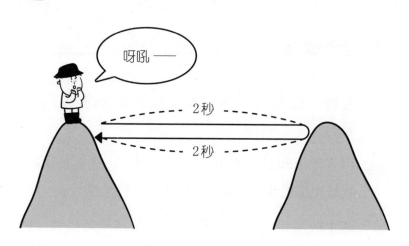

关于速度问题的讨论
有关距离的问题

 来吧！现在我们一起来看几道与速度相关的数学题。

我很有信心。

 很好。这是一道关于距离的题目。

小希1小时行进8千米，小珠1小时行进6千米，两人同时出发，同向而行，3小时后两人的相距多少千米呢？

这种题目没学过呢。

 先想一下1小时后两人之间的距离。

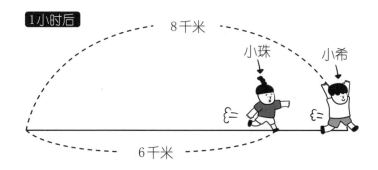

看图就能明白啦。1小时后两人的距离是 8 − 6 = 2（千米），2小时后就是 2 × 2 = 4（千米），3小时后就是 2 × 3 = 6（千米）。

没错，可以这样列式：3小时相差的距离 = 1小时相差的距离 × 3。这个式子真的很重要，在很多题目中都用得到。请看下图，图中的也是同一类型的题目。

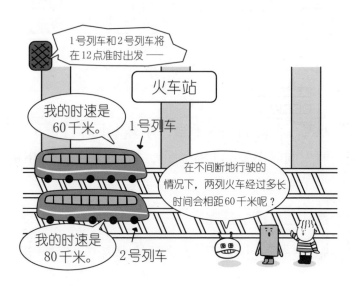

啊！这道题我不会……

和前面那道题的道理是一样的，只是求的内容不一样而已。刚才是求相差的距离，现在是求时间。想一想，两辆列车出发1小时后，相距多少千米呢？

80 − 60 = 20，所以是20千米。1小时后两列火车相距20千米，所以假设相距60千米需要□小时，可得比例：1 : 20 = □ : 60。

啊哈！解这个比例，可得□ = 3，所以3小时就是答案！

太棒了！接下来，我们看看往返问题吧。

往返的路程一共是200米。可往返的速度不一样，

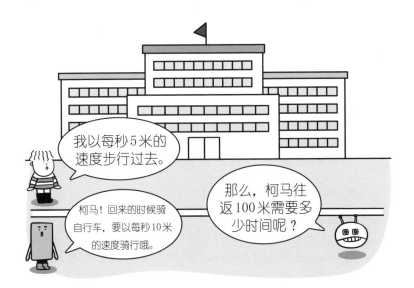

应该怎么计算时间呢？

这个时候分别计算去程和返程的时间。柯马，你能求出去程所用的时间吗？

以每秒 5 米的速度步行 100 米，用时 $\frac{100}{5}=20$（秒）。

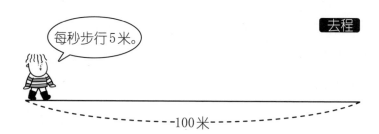

回来的时候用时多久呢？

以每秒 10 米的速度骑行 100 米，用时 $\frac{100}{10}=10$（秒）。

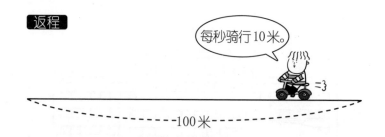

去程的时间 + 返程的时间 = 总共花费的时间，所以一共用时 30 秒。

原来如此。

好的，再来看看下一道题吧！柯马的奔跑速度为

每秒10米，而床怪的奔跑速度为每秒5米，由于
床怪跑得慢，所以让床怪在柯马前面10米处起跑，
两人同时同向出发，请问他们在几秒后相遇呢？

哇！好难啊，我不会……

真的太难了，这个问题理解起来都很费劲。

并没有那么难啦！只需要按照时间画个图就
好啦！

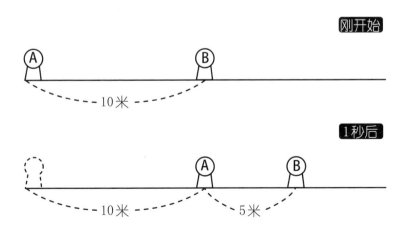

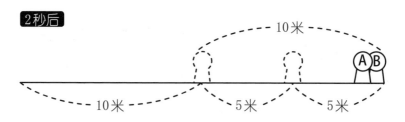

2秒后

我和柯马在出发2秒后就能相遇呢。

我给你们详细解答一遍。由于柯马在床怪后面10米的位置起跑，所以两人相遇的话就需要满足下面这个式子：

柯马奔跑的路程 = 床怪奔跑的路程+10

由于

柯马2秒内奔跑的路程 = 柯马的速度 × 时间
= 10 × 2 = 20（米）

床怪2秒内奔跑的路程 = 床怪的速度 × 时间
= 5 × 2 = 10（米）

所以，柯马2秒内奔跑的路程 = 床怪2秒内奔跑的路程+10，即两人在2秒后相遇。

非得这样画出来吗？

当然不是啦，要是答案是100秒，难道还要画100张图不成？

那应该怎么解呢？

此时，我们只要假设题目中的未知项为□，然后

求□就可以了。我用□将这道题换一种说法：A
的速度为每秒10米，B的速度为每秒5米，B在A
前面10米处出发，□秒后A和B相遇。

也就是说，A□秒内跑的路程 = B□秒内跑的路
程 + 10，所以 $10 \times \square = 5 \times \square + 10$。可是□该怎
么求呢？

根据乘法分配律就可以求啦。

$$10 \times \square = （5+5） \times \square = 5 \times \square + 5 \times \square$$

可得 $5 \times \square + 5 \times \square = 5 \times \square + 10$，也就是 $5 \times \square = 10$。
这里可以求出□= 2，对吧？所以两人在2秒后会
相遇。

原来如此！

过了一会儿

哇啊啊啊——！

嗖嗖嗖

共用时 5 分钟。
列车行进的路程为
隧道长度——27 千米，
耗时 5 分钟，所以车速为
每小时 324 千米。

很可惜，还是
没有打破每小时
330 千米的超级列车
最快纪录。

哔——

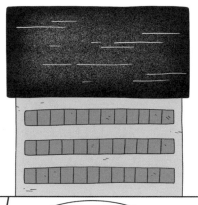

啪！

世界上最长最快的
超级列车诞生！

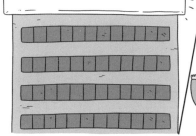

我算错了！
超级列车的时速是每小时
360 千米，刷新了
世界纪录！

哇，太棒啦——

数学漫画

因忽略列车长度而产生的错误
列车过隧道问题

 为什么超级列车的速度被更正了呢?

 这种题型叫作列车过隧道问题,是一种非常重要的题型哦! 由于列车本身具有一定的长度,所以在计算列车通过隧道的速度时一定要注意这个条件! 我们一边画图,一边讲解吧。最开始的时候,列车在如下图所示的入口处。

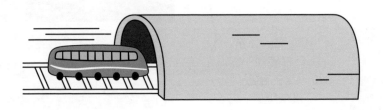

列车行驶了隧道的长度——27千米后,如下图所示。此时,列车即将从隧道里出来,所以我们用虚线表示列车的位置。

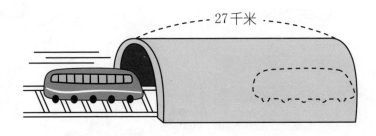

27千米

而节目主持人测得的时间是列车完全驶出隧道的
时间，如下图所示。

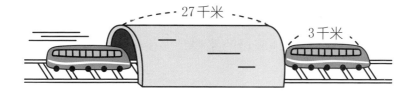

此时，列车行驶的路程是隧道的长度27千米加上
列车的长度3千米，总共是30千米。主持人最开
始认为列车5分钟行驶了27千米，所以速度是324
千米/时；但实际上列车总共行驶的路程应该是30
千米，所以速度是360千米/时。

原来如此。

是啊，完全通过隧道时行驶的路程，确实要加上
列车的长度。不过话说回来，超级列车长达3千
米，真是长啊！

>>> **概念整理自测题**

1. 小方骑自行车以每小时20千米的速度骑行了半小时，那么他骑行的路程是多少千米？

2. 一个人的步行速度为每小时4千米，另一个人的奔跑速度为每小时6千米，两人在一条笔直公路的两端相向而行，30分钟后两人相遇，那么这条公路的长度是多少千米？

3. 一架飞机的飞行速度为每小时800千米，它1小时15分钟行驶的路程是多少千米？

※自测题答案参考122页。

地震发生的位置

地震通常从地球内部产生，经过地壳到达地表。地震发生时，同时产生两种波，一种波叫P波，另一种叫S波。两种波的速度不一样，P波的速度为每秒8千米，而S波的速度为每秒4千米。科学家依据这两种波到达地表的时间，来推测地震发生时的震源深度。比如说，P波到达后20秒，S波到达，我们假设在地下□千米处发生了地震。

此时，对于P波来说，

□ = P波的速度 × P波到达的用时 = 8 × P波到达的用时

而对于S波来说，

□ = S波的速度 × S波到达的用时 = 4 × S波到达的用时

由此可得：

P波到达的用时 = $\frac{1}{8}$ × □，S波到达的用时 = $\frac{1}{4}$ × □

已知P波到达后20秒，S波到达，所以$\frac{1}{4} \times$ □$-\frac{1}{8} \times$ □=20。

式子两边同时乘以8，可得2× □ － □=160，即□=160。

这样就可以算出地震发生在地下160千米处。

浓度

　　本专题将讨论盐水的浓度问题。另外，还涉及购买物品的价格——成本、为销售物品而制定的价格——定价，以及在定价的基础上打折后的价格——售价。最后，在作者的视频课中，会更详细地讨论文中所涉及的浓度问题。

孤独的美食家和三色锅巴汤

盐水的浓度

我不明白盐水的浓度是什么意思。

盐水指的是盐溶于水后形成的混合物。固体物质溶于水中而形成的混合物被称为溶液。

那盐水也是溶液啰。

没错。盐水的浓度就是用百分数表示盐的质量与盐水的总质量之间的比值。

百分数？好像以前学过，你再讲一遍吧。

百分数也叫百分比，是指当整体为100时，其中的某种对象所占的比重。

还是不太理解。

比如，我们班有30名女同学，20名男同学。那么女同学所占的比重是多少呢？

全体学生数是50人，女同学有30名，所以女同学所占的比重是 $\frac{30}{50}$ 吧。

那么当全体学生数为100人时，女同学的数量又是多少呢？

列个比例就行了。当全体学生数为100人时，设女同学的数量为□人，可得 $30:50=\square:100$，经转化可得 $50\times\square=30\times100$，即 $50\times\square=3\,000$。两边同时除以 50，可得 $\square=60$，所以当全体学生数为 100 人时，女同学有 60 名。

太棒了。此时我们班女同学所占的百分比写作"60%"，读作"百分之六十"。

啊哈！那么盐水的浓度就是盐的质量相对于盐水总质量的百分比，也就是求出当盐水总质量为 100 克时，其中的盐的质量！

没错。打个比方，一杯 15 克的盐水中溶有 3 克盐。那么，将 100 克盐水中溶有的盐设为□克，可得 $15:3=100:\square$，对吧？转化后可得 $15\times\square=300$，两边同时除以 15，得 $\square=20$，那么这杯盐水的浓度就是 20%。

有计算盐水浓度的一般公式吗？

当然了。在刚才的问题中，盐水浓度 20% 可由 $\dfrac{3}{15}\times100\%$ 得出，所以盐水的浓度可用如下的公式求出：

$$\text{盐水的浓度}=\frac{\text{盐的质量（g）}}{\text{盐水的总质量（g）}}\times100\%$$

这里的"g"指的是质量的单位"克"，当然也可以换成其他质量单位，但要注意上下的单位须统一。这个公式还有如下另外一种形式：

盐的质量 = 盐水的浓度 × 盐水的总质量

原来在等量的盐水中，浓度越高，盐水所含的盐就越多啊。

当然啦。盐水的浓度越高，味道就越咸。

在数学漫画中，服务员第一次拿来浓度为1%的盐水，顾客在其中加入100克水后，浓度就变成了0.9%，这是为什么呢？

这个简单。一开始服务员拿来的盐水有900克，浓度是1%。此时的盐的质量为1% × 900。

也就是说，盐水中溶有的盐就是9克，对吗？

没错。再设现在我们要加入 A 克水，制成浓度为0.9%的盐水。这里要注意的是，倒入水之后，溶液中盐的质量没有变化，只是盐水的总质量发生了变化。在倒入 A 克水后，盐水的总质量就变成了（900 + A）克，而盐的质量还是9克。

怎么算出 A 呢？

只要找到使浓度变为0.9%的 A 就可以了。列式

$$0.9\% = \frac{9}{900 + A} \times 100\%$$

两边同时乘以（900 + A），再乘以100，可得 $0.9 \times$

（900 + A）= 900，对吧？两边再同时除以 0.9，可得 900 + A = 1 000，所以 A = 100。也就是说，再倒入 100 克水后，原来的盐水就变成浓度为 0.9% 的盐水了。

我明白了。

打折销售
成本和售价

我还是不明白为什么会这样，我明明把10个冰激凌都卖掉了，可是还比之前的100元少了10元！全都卖掉了，应该赚到钱了啊！

那是因为你卖得太便宜了！我把100元买回来的10个冰激凌以每个11元的价格卖掉，所以每卖出去一个就可以赚1元，10个全都卖出去就可以赚到10元！

我每个定价15元，不是比你卖的价格贵得多吗？那我应该赚更多的钱才对呀。

问题出在折扣上！

没错！柯马减价40%，就是在定价的基础上便宜40%，定价15元的40%就是

$$15 \times \frac{40}{100} = 6 （元）$$

所以15元的冰激凌要打6元的折扣，也就是每个冰激凌以9元的价格卖出去了。打折之后实际出售时的价格叫作售价。

柯马以每个10元的价格进货，再以9元的价格售

出，所以每卖出去一个就会亏损 1 元。

 什么？！

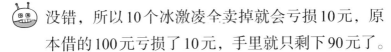 没错，所以 10 个冰激凌全卖掉就会亏损 10 元，原本借的 100 元亏损了 10 元，手里就只剩下 90 元了。

 哎呀！早知道我就好好算一下再打折了。

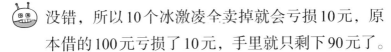 所以在卖东西的时候，必须算好成本、定价和售价。

 知道了，我会好好记住的。

1. 在300克浓度为2%的盐水中，盐的质量是多少克？

2. 往180克水中加入20克盐，那么盐水的浓度是多少？

3. 定价250元的物品降价60%销售，此时物品的售价是多少元？

※自测题答案参考123页。

郑教授的视频课

 ▶▶▶ 概念巩固

和浓度有关的应用问题

来看看以下两个和浓度有关的问题。

> 往200克浓度为5%的盐水中加入50克盐后，盐水的浓度会变成多少？

在200克浓度为5%的盐水中，盐的质量是多少克呢？

$$盐的质量 = \frac{5}{100} \times 200 = 10（克）$$

再加入50克盐，盐的质量就是60克，而盐水的质量变成了250克，所以

$$盐水的浓度 = \frac{60}{250} \times 100\% = 24\%$$

> 300克浓度为10%的盐水蒸发100克水后，盐水的浓度是多少呢？

在300克浓度为10%的盐水中：

$$盐的质量 = \frac{10}{100} \times 300 = 30（克）$$

水蒸发后，盐的质量还是30克，而盐水的质量变成了200克。所以

$$盐水的浓度 = \frac{30}{200} \times 100\% = 15\%$$

专题 **5**

相似比

　　本专题通过格列佛和小人国居民的身高差异，有趣地讲解了相似比。从故事中我们了解到，小人国居民和格列佛的身高之比为 1:12，体积之比为 1:1 728，因此格列佛的食量是他们的 1 728 倍。除此之外，本专题还详细说明了两个相似图形的面积比和体积比。最后，作者讲述了如何估算聚集在广场的人数，一起去了解一下这个神奇的计算方法吧。

数学漫画

格列佛游记

面积比和体积比

小人国的居民和格列佛的身高比为 1:12，那么为什么格列佛的食量是小人国居民的 1 728 倍呢？

身高只反映了长度，而食量和体型有关，体型越大，食量就越大。

也就是说，人的体积越大，食量就越大？

可以这么理解。

那小人国居民和格列佛的体积比是 1:1 728 吗？

没错，我来给你解释一下，观察如下的两个正方形。

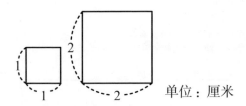

单位：厘米

这两个正方形的边长比是多少？

边长分别是 1 厘米和 2 厘米，所以边长比是 1:2。

那这两个正方形的面积比是多少呢？

🗣 1×1 = 1（平方厘米），2×2 = 4（平方厘米），所以面积比是 1:4。

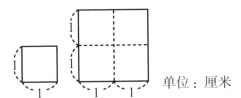

单位：厘米

🤖 没错，和前面的图一致，所以面积比是（1×1）:（2×2）。现在我们看下面这张图，求两个正方体体积的比。

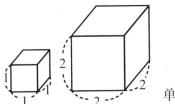

单位：厘米

🔲 两个正方体边长的比是 1:2。

🤖 是的，想一想，此时大正方体是不是由 8 个小正方体组成的？

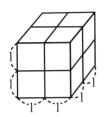

单位：厘米

所以两个正方体的体积比是1:8。

的确如此。边长比是1:2，所以体积比就是（1×1×1):（2×2×2）。

那么身高比为1:12，所以小人国居民和格列佛的体积比就是（1×1×1):（12×12×12），也就是1:1 782。

完美!

可是即便是相同的身高，也分吃得多的人和吃得少的人呀!

当然啦! 为了方便起见，我们就认为小人国居民和格列佛的食量是一样的，仅用体积的比来计算。我在这里出一道题，它也是古希腊著名数学家欧几里得的著作《几何原本》中的问题。

什么问题啊?

观察下图，当边 BC 的长度与边 CD 的长度之比为 3:2 时，三角形 ABC 的面积与三角形 ACD 的面积之比是多少?

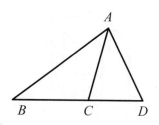

这个我好像不会……高度不知道呢。

三角形的面积是底边乘高再除以 2。

这个我也知道……但是现在不知道高，所以没法求出面积。

其实，计算方法比你想象中的要简单。两个三角形的高相等，底边的长度不同，所以两个三角形的面积比就等于底边比。所以这两个三角形的面积比就是 3:2。

什么？就这么简单？

真是个有意思的问题呢！

该买哪种比萨呢?
生活中的相似比与面积比

利用相似比，可以更有智慧地生活。

相似比是什么意思？

妈妈让柯马去比萨店买比萨，要够一家三口吃。

遇到什么问题呢？

如果 1 个 12 寸的比萨正好够吃，而店员说 12 寸的比萨正好卖完了，问柯马能不能换成2个6寸的。1个12寸的比萨直径约为30.48厘米，售价是80元；1个6寸的比萨直径约为15.24厘米，卖40元。那么柯马买2个6寸的比萨回家，够吃吗？

这和相似比有什么关系？

两种比萨的半径比为2:1，所以面积比就是（2×2):(1×1)，也就是4:1，对吧？1个12寸的比萨的面积是1个6寸的比萨的4倍。也就是说，要想和1个12寸的比萨面积相同，需要4个6寸的比萨。但是同样的价格，只能买到2个6寸的比萨，所以会不够吃。因此，1个12寸的比萨相当于4个6寸的比萨，而价格却是它们的一半。

如何估算聚集在广场上的人的数量?
单位面积和比例问题

这次我要教你们如何估算广场上聚集的人的数量，而不是一个个去数。

这怎么可能啊？

利用比例就可以啦！这么大的广场聚集了那么多

广场面积：
13 207平方米

的人，此时只要计算单位面积有多少人就行了。

单位面积是多少呢？

1米

1米

我们可以认为单位面积是一个边长为1米的正方
形，然后算一算这里站了多少人。假设这里站着5

个人，边长1米的正方形面积是1平方米，而广场的面积为13 207平方米，所以假设聚集在广场上的人数为□，可以列出如下比例：

1平方米:5人 = 13 207平方米:□人

由比例的内项乘积等于外项乘积这一性质，可得□ = 13 207 × 5 = 66 035。也就是说，估计有66 035人聚集在广场上。

好神奇的计算方法啊！

就是啊，没想到广场上会有这么多人！

1. 边长分别为2厘米和3厘米的两个正方形的面积比是多少?

2. 边长分别为2厘米和5厘米的两个正方体的体积比是多少?

3. 在下图中，三角形*ABC*与三角形*ADE*的面积比是多少?

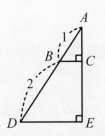

※ 自测题答案参考124页。

费米估算法

美国芝加哥大学教授费米因研究核物理而获得了1938年的诺贝尔物理学奖。有一次，他向学生们提出了一个有趣的问题："芝加哥有多少名钢琴调音师？"该问题被称为费米问题。在问题中，费米做出了如下假设：

1. 芝加哥有300万居民。

2. 每户家庭有3名成员。

3. 10%的家庭拥有钢琴。

4. 每架钢琴每年需要调音1次。

5. 每名调音师为一架钢琴调音所需的时间约为2小时。

6. 调音师每天工作8小时，每周工作5天，一年工作50周。

费米基于这些假设，估算出了芝加哥所需的钢琴调音师数量。

1. 芝加哥共有100万户家庭。

2. 钢琴总共有10万架。

3. 所有钢琴一年需要调音10万次。

4. 1名钢琴调音师一年内可以进行 $8 \div 2 \times 5 \times 50 = 1\,000$（次）钢琴调音。

5. 假设所需调音师的数量为□名，则有比例1名:1 000次 = □名:100 000次。

化简可得$1\,000 \times □ = 100\,000$，求得□ = 100。

因此，芝加哥大约有100名钢琴调音师。

孟德尔遗传定律

　　本专题讲述了生物学中著名的孟德尔遗传定律。神奇的是，这一科学领域的法则竟然也应用了数学中的比。此外，本专题还会介绍一种非常小的单位——微克/立方米，它是克/立方米的百万分之一。最后，在作者的视频课中，我们将学习血型的遗传规律，即ABO血型是怎样遗传的。

当两个隐性遗传因子同时出现时，才会表现出隐性遗传因子的性状啊！

恭喜你初步理解了遗传的原理！

我做的第一个实验是将显性-显性（圆滑）豌豆和隐性-隐性（皱缩）豌豆进行杂交。我们可以把显性-显性（圆滑）豌豆看作是父亲，也就是父本，把隐性-隐性（皱缩）豌豆看作是母亲，也就是母本！

也就是RR和rr的杂交配对吧。

没错，杂交的结果100%全都是圆滑豌豆。

父本是显性-显性（圆滑）豌豆，母本是隐性-隐性（皱缩）豌豆时，后代通常都是圆滑豌豆。

当母本是显性-显性（圆滑）豌豆，父本是隐性-隐性（皱缩）豌豆时，后代也全都是圆滑豌豆。

这是为什么呢？

后代分别从父本和母本继承一个遗传因子，所以后代的遗传因子就是R和r，对吧？而由于R是显性遗传因子，所以后代遗传因子Rr的性状就表现为圆滑豌豆。

RR是圆滑豌豆，而Rr也是圆滑豌豆，那么有什么区别呢？

我不理解，为什么是3：1呢？

当遗传因子遗传给下一代时，就会发生变化啦！成对的遗传因子为RR和rr的豌豆进行杂交，后代总是圆滑豌豆；而成对的遗传因子为Rr和Rr的豌豆进行杂交后，就出现了皱缩豌豆，此时圆滑豌豆和皱缩豌豆的比是3：1。

母本Rr可以遗传给后代R或r，而父本Rr同样可以给后代提供R或r。具体如下图所示。

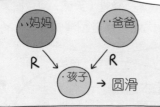

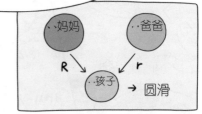

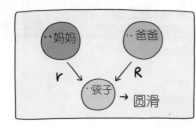

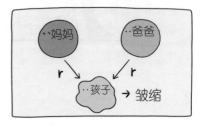

啊哈！出现圆滑豌豆的情况有3种，出现皱缩豌豆的情况有1种，所以为3：1！

现在你全都理解了吧！

孟德尔遗传定律

遗传定律可以通过数学计算出来吗？

遗传定律真的好神奇啊！

孟德尔遗传定律可以用数学计算出来哦。

怎么算呢？

由于父本和母本分别拥有一对遗传因子，在遗传时，父本和母本会各自提供一个遗传因子，所以我们可以把后代的遗传因子的形成过程看作父本的成对的遗传因子与母本的成对的遗传因子相乘。例如，父本 Rr 和母本 Rr 杂交，可以看作 $(R+r) \times (R+r)$。

这样的乘法还是第一次见呢！

相当于两个加数分别与其他数相乘，我们一起看一下图吧！

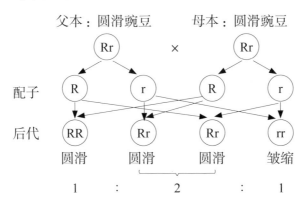

也就是 $(R + r)(R + r) = RR + Rr + Rr + rr$。

没错，所以 RR、Rr 和 rr 的比是 $1:2:1$，而 RR 和 Rr 表现为圆滑豌豆，rr 表现为皱缩豌豆，圆滑豌豆和皱缩豌豆的比是 $3:1$。

原来遗传定律也会运用到比的知识呢！

虽然有点难，但是还挺有趣的！

表示 PM$_{2.5}$ 浓度的单位

微克/立方米

现在我要教你们表示 PM$_{2.5}$ 浓度的单位。

我听说过 PM$_{2.5}$ 这个词。

我也听过，但不知道是什么意思。

你知道什么是细颗粒物吗？

那是什么？

你可以把细颗粒物理解为环境空气中直径小于等于 2.5 微米的颗粒物，也就是我们常说的 PM$_{2.5}$。

是啊。PM$_{2.5}$ 是固体,虽然它只是地球大气成分中含量很少的组分，但它对空气质量和能见度等指标有重要的影响。$PM_{2.5}$ 含大量的有毒、有害物质，而且能较长时间悬浮于空气中，它在空气中浓度越高，就代表空气污染越严重，对人体健康和大气环境质量的影响也就越大。因此，气象台在播报天气时也会公布 $PM_{2.5}$ 浓度。$PM_{2.5}$ 浓度过高时，还会发布 $PM_{2.5}$ 污染预警，提醒大家减少外出活动的时间。

$PM_{2.5}$ 浓度高的话，就要待在家里了。

什么情况下会发布 $PM_{2.5}$ 污染预警呢？

当 $PM_{2.5}$ 的 24 小时平均浓度高于 75 微克/立方米时，就会发布 $PM_{2.5}$ 污染预警。

微克/立方米是什么单位呀？

空气中的 $PM_{2.5}$ 浓度很小，如果用克/立方米表示的话，数值就会非常小。所以，当表示很小的比值时，我们会采用其他单位，比如微克/立方米。1 微克/立方米等于 0.000 001 克/立方米哦。

0.000 001 克/立方米？

没错，也就是说微克/立方米是克/立方米的百万分之一。

啊哈！那真是非常小的浓度单位啊！

就是这样！　$PM_{2.5}$ 浓度为 100 微克/立方米，也就意味着1立方米的空气内，细颗粒物含量为100微克。

哇！这么少的量也能引发预警啊！

1. 遗传因子为Rr的豌豆与遗传因子为rr的豌豆杂交后，后代中圆滑豌豆与皱缩豌豆的比是多少?

2. 当水结成冰时,体积会增加$\frac{1}{11}$。那么当冰融化成水时，减少的体积是冰的几分之几呢?

3. 你能把500微克/立方米改写成克/立方米吗?

※自测题答案参考125页。

血型的遗传

人的ABO血型中有A、B、O三种基因。在这三种基因中，A和B是显性基因，O是隐性基因。也就是说，A和B血型是共显性。因此，当拥有A和B基因时，血型就会呈现为AB型；拥有A和O时，由于A是显性基因，O是隐性基因，所以血型会呈现为A型；拥有A和A基因，血型自然是A型。同理，拥有B和O，血型会呈现为B型；拥有B和B，血型也自然是B型。那么拥有O和O，会是什么血型呢？两个基因都是隐性的，因此血型是O型。所以人的血型可分为A型、B型、O型、AB型四种。

扫一扫前勒口二维码，立即观看郑教授的视频课吧！

附　录

孟德尔
（Gregor J. Mendel）

　　大家好，很高兴见到你们。我是奥地利生物学家孟德尔。在"数学家的来信"板块中突然出现一个生物学家，你会不会被吓了一跳？虽然我研究的是遗传定律，但数学中的比和比值非常重要，所以我写了这封信。

　　1822年，我出生在西里西亚地区（今属捷克）的一个小镇——海因策道夫。我从小就对植物很感兴趣。在奥尔米茨（现捷克奥洛莫乌茨）的哲学研究所学习两年后，我于1843年进入布隆城（现捷克布尔诺）奥古斯汀修道院。1847年，我被任命为修道士，在修道院修行期间学习了很多科学知识。1849年，我在布隆城附近的兹纳姆（现捷克兹诺伊莫)的一所中等学校担任助教，教授了一段时间的希腊语、自然科学和数学。1850年，我参加了教师资格考试，但没有通过，其中成绩最差的科目竟然是生物学和地质学。后来，我在修道院院长的推荐下进入维也纳大学深造，在那里学习了物理、化学、数学、动物学和植物学。

1854年，我再次回到布隆城。不久之后，我开始在修道院的小花园中进行实验，发现了遗传的基本原理，并将这些原理发展成遗传学。我一般都是独自进行研究，但也喜欢与对科学感兴趣的人进行讨论。修道院的图书馆里有很多科学书籍，对我的研究帮助很大。

这个时期，我在小花园里进行豌豆杂交实验，从中找到了茎的高度是高茎还是矮茎、花的位置是腋生还是顶生、花的颜色是红色还是白色，以及豌豆豆荚的颜色是绿色还是黄色、形状是饱满还是不饱满等相对性状。我利用这些相对性状，成功地发现了遗传规律。通过观察、研究这些相对性状，我还发现了以下规律：在生物的体细胞中，控制同一性状的遗传因子成对存在，不相融合；具有一对相对性状的豌豆杂交后，成对的遗传因子发生分离，后代就会分别继承母本和父本的一个遗传因子，形成新的遗传因子。这就是"孟德尔第一定律"，又称"分离定律"。1865年初，我在自然科学学会上发表了这一成果，并在第二年发表论文《植物杂交实验》，上面记录了更加详细的内容。

1868年，我被选为修道院院长。从那以后，我逐渐把精力转移到修道院的工作上。在世期间，我虽深受修道院同僚和所在城市居民的尊敬和爱戴，但在当时的生物学术界却默默无闻。大家现在在教科书中看见我，可能会以为我当时就在学术界很有名气，但事实并不是这样的。我在1884年去世后，直到1900年左右，欧洲植物学家科伦斯、切尔马克、德弗里斯等才得到与我研究相似的结果，这才使得我名声大振。1909年，丹麦植物学家、遗传学家威廉·约翰逊将我提出的"遗传因子"的概念命名为大家现在所熟知的"基因"。

　　就这样，我的研究成果在生物学家中逐渐被传开，在被大量引用后开始广为流传，并被载入大家的教科书。

关于比例的新性质的研究

李佳菲，2023年（完城小学）

摘要
本文将探讨比例的新性质。

1. 绪论

比和比例在日常生活中非常常用。关于比的基本性质，欧几里得最早进行了研究。他在《几何原本》第8卷中介绍了许多比和连比有趣的性质。

本文也将会介绍比例的一种有趣的性质。

2. 比和比例的基本性质

笔者在学习比和比例的过程中，偶然发现了以下事实。比如有下列比例：

$$1:2=3:6$$

求这个比例的前项之和与后项之和的比。

$$前项之和：1+3=4$$
$$后项之和：2+6=8$$

此时，前项之和与后项之和的比为4:8。由于比的前项和后项除以相同数（0除外），比值不会发生变化，因此前项和后项除以4，可得1:2。从这一事实中，我发现从比例1:2＝3:6可推出1:2＝3:6＝（1＋3）:（2＋6）。

3. 一般证明

上述示例可用字母表示如下：

$$A:B = C:D \ (B \neq 0, \ D \neq 0) \tag{1}$$

如若成立，则

$$A:B = C:D = (A+C):(B+D) \tag{2}$$

现在证明该等式。

可将式（2）转换为分数，则有

$$\frac{A}{B} = \frac{C}{D} = \frac{A+C}{B+D} \tag{3}$$

现在只要证明式（3）成立即可。设：

$$\frac{A}{B} = \frac{C}{D} = K \tag{4}$$

则有

$$\frac{A}{B} = K \tag{5}$$

$$\frac{C}{D} = K \qquad\qquad (6)$$

由式（5）可得

$$A = B \times K \qquad\qquad (7)$$

由式（6）可得

$$C = D \times K \qquad\qquad (8)$$

因此

$$A + C = B \times K + D \times K = (B + D) \times K \qquad (9)$$

即

$$\frac{A + C}{B + D} = K \qquad\qquad (10)$$

故式（3）成立。

1. 3:5。

2. 3:7。

提示：先将0.6:1.4各项乘以10，可得6:14；然后将各项除以6和14的最大公约数2，可得3:7。

3. 3:2 。

提示：比的各项乘以相同的数（0除外），比值不发生变化，故每项乘以2和3的最小公倍数6，可得$\frac{1}{2}:\frac{1}{3}=(\frac{1}{2}\times6):(\frac{1}{3}\times6)=3:2$。

走进数学的奇幻世界！

1. 4:6:3 。

提示：甲与乙的体重之比为2:3，乙与丙的体重之比为2:1。3和2的最小公倍数是6，所以甲和乙的体重比2:3=4:6，乙和丙的体重比2:1=6:3，因此可得4:6:3。

2. 8支。

提示：哥哥得到$12 \times \dfrac{2}{2+1} = 8$（支）铅笔。

3. 2:3:5:7。

1. 10千米。

   提示：小方以每小时20千米的速度骑行，1小时骑行的路程为20千米；30分钟即是1小时的一半，所以小方骑行的路程是10千米。

2. 5千米。

   提示：时速4千米的步行者30分钟行走的路程为2千米，时速6千米的奔跑者30分钟奔跑的路程为3千米。道路的长度等于两人行进的路程之和，即5千米。

3. 1 000千米。

   提示：1小时15分钟等于1小时和15分钟的和。1小时为60分钟，若将15分钟改为小时，就是60的 $\frac{1}{4}$，即15分钟为 $\frac{1}{4}$ 小时。那么1小时15分钟就是 $1\frac{1}{4}$ 小时，写成假分数就是 $\frac{5}{4}$ 小时。在这段时间内，飞机飞行的路程为 $800 \times \frac{5}{4} = 1\ 000$（千米）。

走进数学的奇幻世界！

专题4 概念整理自测题答案

1. 6克。

提示：盐的质量 = 盐水的浓度 × 盐水的总质量 = 2% × 300 = 6（克）。

2. 10%。

提示：盐水的质量为盐和水的质量之和，故盐水的质量为200克。因此，该盐水的浓度为 $\frac{20}{200} \times 100\% = 10\%$。

3. 100元。

提示：250元的60%是250 × 60% = 150（元）。因此，售价为250 − 150 = 100（元）。

1. $4:9$。

   提示：两个正方形面积的比等于它们边长的平方比，因此两个正方形的面积比为$(2\times2):(3\times3)=4:9$。

2. $8:125$。

   提示：体积比为$(2\times2\times2):(5\times5\times5)=8:125$。

3. $1:9$。

   提示：由于两个三角形是相似的直角三角形，且对应边的长度比为$1:3$，因此两个三角形的面积比为$1:9$。

走进数学的奇幻世界！

1. $1:1$。

　　提示：Rr与rr杂交会出现以下四种情况：Rr，Rr，rr，rr。Rr表现为圆滑豌豆，rr表现为皱缩豌豆，两者的比为$2:2$，即$1:1$。

2. $\dfrac{1}{12}$。

　　提示：设水的体积为1，则当水结成冰时，冰的体积$= 1 + \dfrac{1}{11} = \dfrac{12}{11}$。

　　反过来，当$\dfrac{12}{11}$的冰融化成水时，减少的体积$= \dfrac{12}{11} - 1 = \dfrac{1}{11}$。

　　所以减少的体积：冰的体积$= \dfrac{1}{11} : \dfrac{12}{11} = \dfrac{1}{11} \times \dfrac{11}{12} = \dfrac{1}{12}$。

3. 0.000 5克/立方米。

　　提示：1克=1 000 000微克，由比例$1\,000\,000 : 500 = 1 : \square$，可得$\square = 0.000\,5$，所以500微克/立方米是0.000 5克/立方米。

术语解释

按比例分配

将整体按照一定的比进行分配，称为按比例分配。

百分数

表示一个数是另一个数的百分之多少，通常用符号 "%" 表示，读作 "百分之……"。

$$百分数 = 比值 \times 100\%$$

比

用符号 ":" 表示两个数相除，称为比。在某个学习小组中，男生有 5 名，女生有 3 名，此时男生人数与女生人数的比用 5:3 表示，称为 "5 比 3"。在比中，前面的数称为前项，后面的数称为后项。

比例

表示两个比相等的式子。如 $1:2=2:4$，$\frac{1}{2}=\frac{2}{4}$ 等。

术语解释

比值

比的前项除以后项所得的商称为比值。它们之间的关系如下：

$$比值 = \frac{前项}{后项}$$

$$前项 = 比值 \times 后项$$

$$后项 = 前项 \div 比值$$

后项

在2:3这个比中，":"后面的"3"就被称为后项。

连比

三个及以上的数用比号表示就叫作连比。

孟德尔遗传定律

后代会原封不动地获得父本和母本的部分特征，这种与父本和母本的特征相似的情形就称

术语解释

为遗传。首位发现遗传定律的人是奥地利生物学家孟德尔。他通过长达8年的豌豆栽培，对遗传进行了系统性的研究，并发现了生物的遗传方式。孟德尔发现，遗传因子决定了生物的特征，而且遗传具有一定的规律性。

千米、米、厘米、毫米

千米（km）、米（m）、厘米（cm）、毫米（mm）是表示长度的单位。它们之间的换算关系如下：

$$1\ 千米 = 1\ 000\ 米$$

$$1\ 米 = 100\ 厘米$$

$$1\ 厘米 = 10\ 毫米$$

$$1\ 千米 = 1\ 000\ 米 = 100\ 000\ 厘米 = 1\ 000\ 000\ 毫米$$

前项

在2∶3这个比中，"∶"前面的"2"就被称为前项。

时、分、秒

时、分、秒之间的换算关系如下：

术语解释

$$1 \text{时} = 60 \text{分}$$
$$1 \text{分} = 60 \text{秒}$$
$$1 \text{时} = 60 \text{分} = 3\,600 \text{秒}$$

速度

单位时间内移动的平均路程称为速度。在1小时、1分钟和1秒内移动的平均路程分别称为时速、分速和秒速。速度、路程、时间之间的关系如下：

$$\text{速度} = \text{路程} \div \text{时间}$$
$$\text{路程} = \text{速度} \times \text{时间}$$
$$\text{时间} = \text{路程} \div \text{速度}$$

盐水的浓度

盐水中所含有的盐的量称为盐水的浓度。比如，100克盐水中含有3克盐，所以盐水的浓度为3%。盐水浓度的计算公式如下：

$$\text{盐水的浓度} = \frac{\text{盐的质量（g）}}{\text{盐水的总质量（g）}} \times 100\%$$